Microrganismo

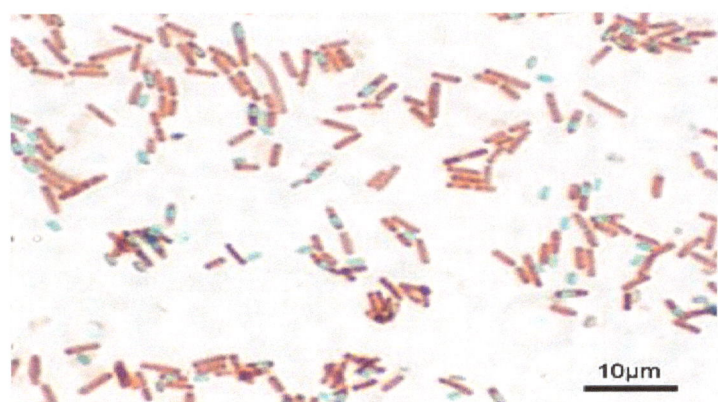

Spore di Bacillus subtilis

Un **microrganismo** è un organismo vivente avente dimensioni tali da non poter essere visto ad occhio nudo (minori di 0,1 mm). L'esistenza dei microrganismi venne dunque scientificamente accertata solo con l'avvento del microscopio anche se il sospetto dell'esistenza di una qualche forma di vita invisibile era supportato dalla infinita varietà di malattie ed infezioni che questi comportano in tutti gli esseri viventi (dal batterio all'uomo). I microrganismi sono sostanzialmente esseri unicellulari appartenenti ai regni di Protisti, Morene e Funghi.

Anche i virus e i viroidi sono considerabili microrganismi, in quanto contengono DNA o RNA.

Dalla nascita della microbiologia (la scienza che si occupa dei microrganismi) ad oggi si sono sviluppate numerose raffinate tecniche di caratterizzazione per investigare la natura dei microrganismi presenti in un determinato substrato.

Indice

Microbo

Con il termine **microbo** si designa un essere vivente, vegetale o animale, di dimensione microscopiche. Altri intendono un batterio, ma solitamente nell'accezione di batterio patogeno.

La parola microbo è deprecata in quanto ambigua, similmente a quella di "germe".

Classi di microrganismi e descrizione biologica

I microrganismi possono essere ritrovati quasi dovunque nella tassonomia. In essi, le funzioni vitali sono svolte da una sola cellula, oppure in più cellule (ma comunque non in tessuti). Le Monere (Batteri ed Alghe azzurre) e le Archea sono tutte microscopiche (da 0,2 µma 300 µm), mentre solo alcuni eucarioti sono microscopici (protozoi e funghi). Ci sono anche organismi che sono microscopici in un periodo della vita e macroscopici in altri; ad esempio, il fungo Boletus edulis, il porcino, che passa da una forma di vita unicellulare microscopica (la spora, pochi micrometri) ad una forma di vita pluricellulare macroscopica (il corpo commestibile, carpoforo, di 30 cm). Gli organismi unicellulari sono solitamente aploidi, tranne durante la duplicazione (nei batteri, la Schizogonia o scissione binaria; nei funghi ci può essere riproduzione sessuata o asessuata).

Corpo fruttifero di un fungo

In altre forme di vita, una cellula può essere poliploide (più di due copie del genoma) o avere più di un nucleo (cellula cenocita), come nel caso delle ife dei funghi inferiori (Mastigomiceti, Zigomiceti inferiori,…), gli aggregati di cellule che formano i filamenti tipici dei funghi. Ci sono, poi esseri viventi che sono microscopici e pluricellulari per tutta la durata della loro vita (alcuni funghi) ed altri che sono microscopici, ma sono "acellulari", vale a dire che non posseggono i requisiti minimi di una cellula cioè i virus. Questi sono estremamente piccoli (da 20 nm a 400 nm) e sono composti da solo acido nucleico rivestito da un involucro protettivo. Sono annoverati anche i viroidi (RNA di 22 kilobasi "nudo") e i prioni (proteina "pirata", in grado di provocare patologie, es. il prione della Encefalopatia spongiforme bovina).

Habitat ed ecologia

Lo stesso argomento in dettaglio: *Estremofilo*.

Questa pagina sull'argomento biologia sembra trattare argomenti unificabili alla pagina Estremofilo.

Puoi contribuire unendo i contenuti in una pagina unica. Commenta la procedura di unione usando questa pagina di discussione. Segui i suggerimenti del progetto di riferimento.

I microrganismi si trovano in quasi tutti gli ambienti naturali. Addirittura nei più ostili ambienti si possono trovare microrganismi; questi sono detti estremofili e si dividono in:

1. *Acidofili*: vivono in ambienti con pH minore o uguale a 3 (Acetobacter aceti sopravvive addirittura a pH=0)

2. *Alcalofili*: vivono in ambienti con pH superiori o pari a 9 (es. Bacillus alcalophilus)

3. *Barofili*: vivono a pressioni altissime, da 70 atm a più di 1.000 atm (es. Obligate barophiles)

4. *Endoliti*: vivono nelle rocce, nei piccolissimi interstizi tra una roccia e l'altra

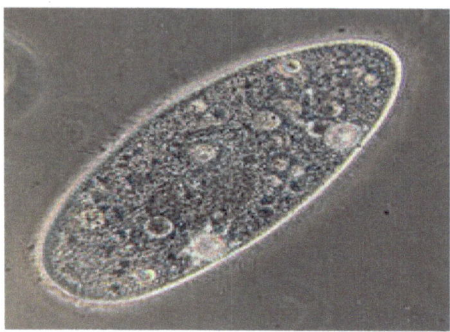

Foto di un microrganismo eucariote: il paramecio

5. *Alofili*: vivono in ambienti con pressione osmotica superiore a quella di una soluzione di NaCl al 20% in acqua (es. Salinibacter ruber)

6. *Termofili* e *ipertermofili*: vivono in temperature maggiori di 60 °C, preferendo gli 80 °C e sopportando anche temperature maggiori di 120 °C (alcuni anche 150 °C), un esempio è Pyrococcus furiosus.

7. *Litoautotrofi*: vivono sulle rocce e si nutrono ossidando i minerali e usando come fonte di C l'anidride carbonica (es. Nitrosomonas europea).

8. *Metallo-tolleranti*: in grado di tollerare alte concentrazioni di metalli come Cu e Zn, ma anche As e Cd.

9. *Oligotrofi*: sono capaci di vivere in ambienti con pochissimo cibo.

10. *Poliestremofili*: possiedono più di una caratteristica (es. termofili ed alofili).

11. *Criofili* o *Psicrofili*: in grado di vivere da 15 °C a 0 °C.

12. *Radioresistenti*: possono tollerare le radiazioni ionizzanti (RX ed raggi gamma), i raggi UV e le radiazioni nucleari.

13. *Xerofili*: vivono in ambienti con una ridottissima quantità d'acqua, addirittura nel deserto d'Atacama (precipitazioni: 3 mm annui)

Importanza nelle attività umane

I microrganismi sono usati con gran successo nell'industria fermentiera, casearia, panificatrice, in quella dei carburanti, in salumifici, nelle biotecnologie, nello studio della biochimica, della genetica e anche nella guerra (armi biologiche).

Nell'industria fermentiera, i microrganismi (soprattutto funghi delle famiglie Saccharomicetaceae e Cryptococcaceae) sono usati per preparare le bevande alcoliche, inoculandoli in substrati come malto d'orzo (per la produzione della birra), succo d'uva (produzione di vino), malto di riso (produzione del sakè), patate, cereali (produzione di superalcolici come la vodka ed il whisky), canna da zucchero (produzione del rum), miele (produzione dell'idromele), succo e polpa di mele (produzione del sidro); sono inoltre usati per produrre l'aceto, insediandoli in vino, sidro o idromele. Inoltre, insediando diversi tipi di microrganismi (lieviti ed acetobatteri) nel mosto d'uva, opportunamente trattato, si può ottenere l'aceto balsamico.

Formaggio ottenuto inoculando muffe appropriate (Stilton)

Nell'industria casearia si usano microrganismi (soprattutto lactobacilli, bifidobatteri, Streptococchi, e muffe) per condurre la fermentazione lattica (lattosio in acido lattico), per produrre lo yogurt; ma anche per fare maturare i formaggi stagionati come il Parmigiano Reggiano e il Gorgonzola.

Nei panifici si sfrutta la capacità del fungo Saccharomyces cerevisiae di produrre una gran quantità d'anidride carbonica gassosa che, rimanendo intrappolata nella massa dell'impasto, ed espandendosi, gonfia l'impasto come se fosse un palloncino. Questo processo è chiamato lievitazione naturale e richiede molto tempo (4 − 5 ore per 1 kg di farina). Questo processo non ha alcunché a che fare con la lievitazione istantanea in forno, ottenuta miscelando all'impasto, come ultimi ingredienti bicarbonato di sodio e tartrato di sodio.

L'industria dei carburanti usa lieviti più o meno "selvaggi" (non selezionati) per fermentare supporti come melasso di barbabietola da zucchero o di canna da zucchero, per ottenere un liquido con alto titolo alcolico, da destinarsi alla distillazione per produrre alcol etilico puro (al 95%) per alimentare il motore a combustione interna, i bruciatori da laboratorio e le caldaie. I salumifici sfruttano numerosi microrganismi per stagionare il prosciutto crudo e condurre le fermentazioni che danno il sapore caratteristico a salame, mortadella, würstel, salsiccia e tutti gli altri salumi insaccati.

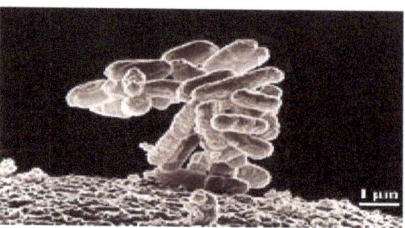

Escherichia coli al microscopio(10.000X)

Le biotecnologie, la biochimica e la genetica usano microrganismi come supporto di studio e/o esperimento per formulare e verificare conoscenze e ottenere metodi per produrre sostanze altrimenti difficilmente ritraibili oppure per indurre nuove caratteristiche in alcuni esseri viventi che non avrebbero mai potuto acquisire. Alcuni esempi sono:

1. L'insulina (ormone che abbassa la glicemia, usato nella terapia del diabete), una volta estratta da maiali e bovini, che però provocava problemi in alcune persone. Inserendo il gene che codifica l'insulina umana (con un intervento d'ingegneria genetica) nel lievito Saccharomyces cerevisiae, quest'ultimo sintetizza un ormone esattamente identico a quello prodotto dal pancreas umano delle persone non diabetiche.
2. La somatotropina umana (ormone della crescita), ormone indispensabile per curare il nanismo; una volta estratto da cadaveri, con difficoltà e gran dispendio di risorse, ora sintetizzato da microrganismi.

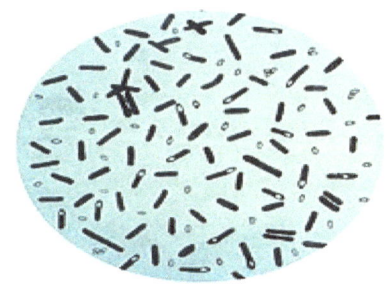

Il botulino, un batterio che produce una tossina mortale

3. Le piante resistenti agli erbicidi; è il caso della soia resistente al glifosate (erbicida totale). Così si può distribuire un solo erbicida per combattere qualunque infestante ed essere sicuri di non giocarsi la soia. Questo è stato possibile infettando la pianta con un batterio modificato (Agrobacterium tumefaciens).

4. Le piante resistenti ai parassiti. Con lo stesso metodo di cui sopra è possibile inserire geni che codificano per la produzione di sostanze che avvelenino i parassiti della pianta, ma non l'uomo. Es. il mais resistente alla piralide.

   L'industria bellica sfrutta i microrganismi patogeni come armi da combattimento. È il caso del botulino, dell'antrace e d'altri microrganismi che vengono diffusi in campo nemico per scatenare pestilenze, quindi morti, come se ci fosse stata una guerra "vera". Queste armi si chiamano armi biologiche.

Importanza nella natura

I microrganismi hanno anche un ruolo importante negli ecosistemi, come decompositori, trasformando la sostanza organica morta (saprofiti) in sostanza inorganica, utile alle piante per vivere; sono anche importanti in quanto sono simbionti con organismi superiori o inferiori. Ad esempio:

1. Simbiosi alga-fungo (licheni), l'alga dà gli zuccheri al fungo e riceve l'azoto organico.
2. Simbiosi insetti/ruminanti-batteri cellulosolitici, i batteri scindono la cellulosa traendo nutrimento e protezione per sé (all'interno dell'intestino) e permettono all'insetto/ruminante di mangiare alimenti che contengono cellulosa (es. fieno) e poterli digerire ed assimilare.

Bacteria

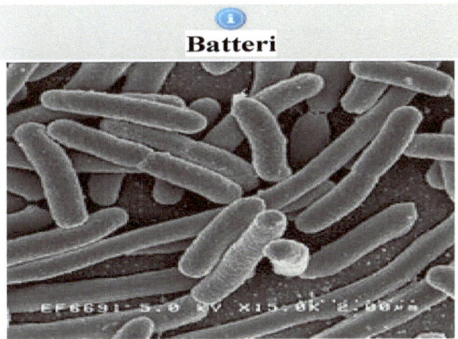

Batteri

Escherichia coli

Classificazione scientifica

Dominio Prokaryota

Regno **Bacteria**

Divisioni/phylum

- Actinobacteria
- Aquificae
- Bacteroidetes/Chlorobi
- Chlamydiae/Verrucomicrobia
- Chloroflexi
- Chrysiogenetes
- Cyanobacteria
- Deferribacteres
- Deinococcus-Thermus
- Dictyoglomi
- Fibrobacteres/Acidobacteria
- Firmicutes
- Fusobacteria
- Gemmatimonadetes
- Nitrospirae
- Omnibacteria
- Planctomycetes
- Proteobacteria

- Spirochaetes
- Tenericutes
- Thermodesulfobacteria
- Thermomicrobia
- Thermotogae

Il regno **Bacteria**, dei **batteri** o **eubatteri**, comprende microrganismi unicellulari, procarioti, in precedenza chiamati anche **schizomiceti**. Le loro dimensioni sono solitamente dell'ordine di pochi micrometri, ma che possono variare da circa 0,2 μm dei micoplasmi fino a 30 μm di alcune spirochete. Secondo la tassonomia proposta da Robert Whittaker nel 1969, assieme alle cosiddette "alghe azzurre" o "cianoficee", oggi più correttamente chiamate cianobatteri, i batteri costituivano il regno delle monere. La classificazione proposta da Thomas Cavalier-Smith (2003) riconosce invece due domini: Prokaryota (comprendente i regni archaea e bacteria) ed Eukaryota (comprendente tutti gli eucarioti, sia monocellulari sia pluricellulari).

Indice

Suddivisione e classificazione

I procarioti si distinguono quindi in due gruppi principali:

- *archaea*, *archaeobacteria* vivono spesso in situazioni di temperatura e pH molto inospitali, hanno caratteristiche (metaboliche, genetiche, strutturali) differenti da batteri (eubatteri) ed eucarioti. Secondo le recenti classificazioni, non fanno parte del regno dei batteri.

- *bacteria*, batteri; alcuni gruppi sono i micoplasmi, le rickettsie, gli attinomiceti, le spirochete, le pseudomonas e gli azotofissatori.
  Fra loro si distinguono per forma in

- Bacilli: a forma di bastoncino; si dividono in Clostridia (anaerobi) e Bacilli (anaerobi e/o aerobi)

- Cocchi: sferici; se si dispongono a coppia si chiamano diplococchi, a catena si chiamano streptococchi, a grappolo si chiamano stafilococchi, a forma di cubo si chiamano sarcine

- Vibrioni: a virgola

- Spirilli: a spirale

- Spirochete: con più curve
  Un'altra importante suddivisione è quella che li raggruppa secondo l'optimum di temperatura alla quale possono crescere. Per questa suddivisione si hanno, tre sottoclassi:

- batteri criofili o psicrofili

- batteri mesofili

- batteri termofili
  Una classificazione è basata sulla loro relazione rispetto a un organismo:

- *Batteri commensali* (simbionti), batteri che sono normalmente presenti sulla superficie di un determinato tessuto, senza causare malattia e/o possono svolgere funzioni che possono essere utili all'organo stesso.

- *Batteri patogeni*, batteri la cui presenza indica patologia e infezione

- *Patogeni facoltativi*, non causano sempre malattia, dipende dall'individuo e dalla loro concentrazione

- *Patogeni obbligati*, causano in modo indipendente un processo morboso

Identificazione

Per procedere all'identificazione di un batterio, si usano le seguenti metodologie:

- riconoscimento a microscopio ottico o elettronico
- colorazione di Gram, analisi della morfologia della colonia, mobilità, capacità di produrre spore, acido-resistenza e esigenza di condizioni aerobiche o anaerobiche per la crescita

La colorazione di Gram è una delle metodologie più utilizzate e si basa sulla distinzione delle caratteristiche della parete batterica: una struttura con più peptidoglicani si colora e di conseguenza si dice che il batterio è Gram-positivo; una minor presenza di peptidoglicani contraddistingue i Batteri Gram-negativi.

Altre prove di natura biochimica, quali:

- La valutazione della capacità del microrganismo di metabolizzare particolari terreni (con conseguente generazione di acidi e/o gas)
- Di produrre particolari enzimi (es. catalasi, fosfatasi), oppure di ridurre od ossidare determinati componenti.

I batteri si possono trovare, sotto forma di spore, in forma di vita latente, molto resistente a condizioni estreme. I *batteri sporigeni* sono specie che, trovandosi in scarsità di nutrimento o in un habitat a loro ostile, producono delle spore, ossia delle cellule resistenti agli agenti esterni. I batteri sporigeni sono il più delle volte dei bacilli Gram-positivi e clostridi.

Struttura della cellula batterica

I batteri posseggono una parete cellulare, composta da peptidoglicani, una parte proteine e una parte peptina, che è una struttura caratteristica della cellula procariotica, e al di sotto della parete è presente la membrana cellulare: su di essa si trovano quasi tutti gli enzimi che svolgono le reazioni metaboliche. Il DNA non è sempre presente sotto forma di cromosoma singolo e circolare: esso può essere circolare o lineare e possono essere presenti fino a tre cromosomi in una stessa cellula batterica. Il DNA si trova in una zona chiamata nucleoide e non è separato dal citoplasma da alcuna membrana nucleare, che invece è presente nelle cellule eucariotiche; nel citoplasma si trovano anche piccole molecole circolari di DNA chiamate plasmidi. Posseggono organi di locomozione: fimbrie o uno o più flagelli. La parete cellulare può essere rivestita esternamente da una capsula, formata di regola da polisaccaridi secreti dai batteri stessi. Nel caso di *Bacillus anthracis*, la capsula è composta da polipeptidi dell'acido D-glutammico. La presenza di capsula conferisce alle colonie batteriche un aspetto "liscio" o "mucoide", mentre quelle prive di capsula manifestano un aspetto "rugoso". La funzione della capsula è quella di proteggere meccanicamente la cellula procariotica dall'ambiente esterno.

Membrana cellulare o citoplasmatica

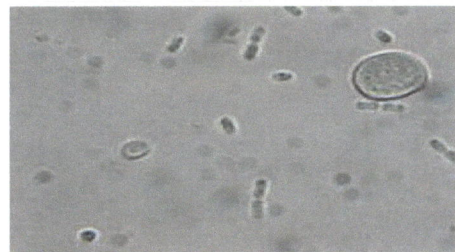

Batteri visti al microscopio (1000X)

La membrana cellulare ha una struttura a mosaico fluido come quella degli eucarioti, tuttavia è priva di steroli. Fanno eccezione i micoplasmi, che incorporano gli steroli nella membrana quando si sviluppano in terreni che li contengono. Le principali funzioni della membrana sono: barriera semipermeabile, piattaforma di supporto per enzimi della catena respiratoria e delle biosintesi di fosfolipidi di membrana, di polimeri della parete e del DNA.

Le membrane cellulari batteriche formano centri di proteine fosforiche sempre introflessioni o mesosomi, di cui si distinguono due tipi: mesosomi settali, che intervengono nella formazione del setto durante la divisione cellulare, e mesosomi laterali, che costituiscono una piattaforma sulla quale si associano proteine cellulari, quali gli enzimi della catena respiratoria (svolgendo una funzione analoga all'energia liberata dall'idrolisi di adenosintrifosfato (ATP) per trasportare zuccheri, amminoacidi, vitamine e piccoli peptidi. Le proteine di trasporto sono dette transporters o permeasi e sono responsabili della diffusione facilitata [tipo canale o tipo carrier (uniporto)], del trasporto attivo primario, del trasporto attivo secondario (tipo simporto o antiporto) e del trasporto con fosforilazione del substrato (fosfotransferasi). Circa la metà delle proteine di trasporto dei batteri appartengono al sistema di trasporto attivo primario ABC (ATPase Binding Cassette) e al sistema di diffusione facilitata/trasporto attivo secondario MFS (major facilitator superfamily). Le permeasi batteriche sono generalmente inducibili, per cui la densità delle proteine di trasporto nella membrana è regolata dalla concentrazione del soluto nel mezzo e dalle necessità metaboliche della cellula.

Il trasporto dal citoplasma allo spazio extracitoplasmatico comprende due sistemi di efflusso noti, entrambi presenti nella membrana citoplasmatica: sistema antiporto H+/farmaci e proteine della famiglia ABC.

Le ABC permeasi trasportano sia piccole molecole sia macromolecole in risposta alla idrolisi di ATF. Questo sistema di trasporto è composto da due proteine integrali di membrana con sei segmenti transmembranosi, due proteine periferiche associate sul versante citoplasmatico, che legano idrolizzano l'ATF, e una proteina o lipoproteina recettoriale periplasmica (vedi sotto) che lega il substrato. Le ABC permeasi più studiate comprendono il sistema di trasporto del maltosio di *Escherichia coli* e quello dell'istidina di *Salmonella typhimurium*.

Dal momento che i batteri Gram-positivi sono privi della membrana esterna, il recettore, una volta secreto, si perderebbe nell'ambiente extracellulare. Di conseguenza, questi recettori risultano legati alla superficie esterna della membrana citoplasmatica mediante ancore lipidiche. Poiché di frequente i batteri vivono in mezzi dove la concentrazione di nutrienti è bassa, le proteine ABC permettono alla cellula di concentrare i nutrienti nel citoplasma contro il gradiente di concentrazione.

La superfamiglia MFS (detta anche famiglia uniporto-simporto-antiporto) comprende proteine di trasporto composte da una sola catena polipeptidica che possiede 12 o 14 potenziali segmenti transmembranosi ad alfa elica. È interessata alla diffusione facilitata e al trasporto attivo secondario (simporto o antiporto) di piccoli soluti in risposta a gradienti ionici chemiostitici (principalmente gradienti di H+ o Na+): zuccheri semplici, oligosaccaridi, inositoli, amminoacidi, nucleosidi, esteri organici del fosfato, metaboliti del ciclo di Krebs, farmaci e una gran varietà di anioni e cationi organici.

Parete cellulare

La parete cellulare presenta una struttura notevolmente diversa a seconda che si tratti di batteri Gram-positivi o Gram-negativi, anche se il peptidoglicano costituisce la sostanza universalmente presente nella parete cellulare dei batteri. Nei batteri Gram-negativi lo strato di peptidoglicano è piuttosto sottile, con uno spessore di circa 50-100 Ångström. La maggioranza dei batteri Gram-positivi ha invece una parete cellulare relativamente spessa (circa 200-800 Ångström), in cui al peptidoglicano sono covalentemente legati altri polimeri, quali acidi teicoici, polisaccaridi e peptidoglicolipidi. Esternamente al peptidoglicano i batteri Gram-negativi hanno una membrana esterna di spessore di circa 75-100 Ångström.

Il peptidoglicano, detto anche mucopeptide batterico o mureina, è composto da un peptide complesso formato da un polimero di aminoglucidi e peptidi. Nei batteri Gram-positivi è disposto in molteplici strati, tanto da rappresentare dal 50% al 90% del materiale della parete cellulare, mentre nei batteri Gram-negativi vi sono uno o al massimo due strati di peptidoglicano, che costituiscono il 5%-20% della parete.

Il peptidoglicano è un polimero composto da: una catena principale, identica in tutte le specie batteriche, formata da subunità disaccaridiche di N-acetilglucosamina e da acido N-acetilmuramico, unite da legame Beta, 1-4 glicosidico; catene laterali di un identico tetrapeptide, legato all'acido N-acetilmuramico; di solito, una serie di ponti peptidici trasversali, che uniscono i tetrapeptidi di polimeri adiacenti. I tetrapeptidi dei polimeri adiacenti possono essere legati, invece che da ponti peptidici, da legami diretti tra la D-alanina di un tetrapeptide e la L-lisina o l'acido diaminopimelico del tetrapeptide adiacente. Le catene tetrapeptidiche laterali e i ponti trasversali variano a seconda della specie batterica.

Il peptidoglicano dei batteri Gram-positivi è legato a molecole accessorie, come acidi teicoici, acidi teucuronici, polifosfati o carboidrati. La maggior parte dei batteri Gram-positivi contiene considerevoli quantità di acidi teicoici, fino al 50% del peso umido della parete. Si tratta di polimeri idrosolubili, formati da ribitolo o glicerolo, uniti da legami fosfodiesterici. Il ribitolo e il glicerolo possono legare residui glucidici, come glucosio, galattosio o N-acetilglucosamina, e di solito D-alanina, in genere legata in posizione 2 o 3 del glicerolo oppure 3 o 4 del ribitolo. Gli acidi teicoici rappresentano i principali antigeni di superficie dei batteri Gram-positivi che li contengono.

La parete dei batteri gram-negativi è notevolmente più complessa, in quanto esternamente allo strato di peptidoglicano è presente la membrana esterna; le due strutture sono legate dalla lipoproteina.

La componente proteica della lipoproteina è unita con legame peptidico ai residui di DAPA (acido diaminopimelico) delle catene laterali tetrapeptidiche del peptidoglicano, mentre la componente lipidica è fissata con legame covalente alla membrana esterna, del cui foglietto interno è una componente importante.

Membrana esterna

La membrana esterna ha la struttura tipica delle membrane biologiche. Gran parte del foglietto fosfolipidico esterno è composto da molecole di lipopolisaccaride (LPS), o endotossina dei batteri gram-negativi, formato da un lipide complesso, chiamato lipide A, a cui è unito un polisaccaride composto da una parte centrale e da una serie terminale di unità ripetute. Il lipide A è formato da una catena di disaccaridi della glucosammina, uniti da ponti di pirofosfato, a cui sono legati numerosi acidi grassi a catena lunga, fra cui l'acido beta-idrossimiristico (C14), sempre presente è caratteristico di questo lipide.

La parte centrale del polisaccaride è costante in tutte le specie batteriche gram-negative, mentre le unità ripetute sono specie-specifiche e sono costituite di solito da trisaccaridi lineari oppure da tetrasaccaridi o pentasaccaridi ramificati. Il polisaccaride costituisce l'antigene O di superficie e la specificità antigenica è dovuta alle unità ripetute terminali. La tossicità del LPS è invece dovuta al lipide A.

Fra le principali proteine della membrana esterna, le più abbondanti sono le porine. Le porine sono proteine transmembranose, organizzate in triplette, ciascuna subunità è formata da 16 domini in conformazione beta a disposizione antiparallela che danno origine a una struttura cilindrica cava. Il canale consente la diffusione di molecole idrofile di p.m. < 600-700 Da (fosfati, disaccaridi, ecc.), mentre le molecole idrofobe (compresi alcuni antibiotici beta-lattamici, come ampicillina e cefalosporine) possono attraversare la componente lipidica della membrana esterna.

Altre proteine della membrana esterna permettono la diffusione facilitata di numerose sostanze, quali maltosio, vitamina B12, nucleosidi e complessi ferro-carboniosi, mentre non sembra siano presenti sistemi di trasporto attivo.

Oltre alle proteine di trasporto, sono presenti recettori per la coniugazione batterica, per i fagi e le colicine (il recettore per il fago T6 e la colicina k è anche implicato nel trasporto dei nucleosidi).

Tra la membrana interna e quella esterna è compreso lo spazio periplasmico, parzialmente occupato dal peptidoglicano con la sua porosità. In questo spazio sono presenti le proteine periplasmiche: binding-proteins, che specificamente legano zuccheri, aminoacidi e ioni, coinvolte nell'attività recettoriale e di trasporto; enzimi, come le betalattamasi, codificate dai plasmidi. Lo spazio periplasmico è più spesso nei gram-negativi e più sottile nei Gram-positivi.

Metabolismo batterico

Nei batteri non fotosintetici, l'ATP viene prodotto da reazioni di ossidoriduzione.

Vi sono due meccanismi generali per la formazione di ATP negli organismi non fotosintetici: la respirazione, in cui il substrato organico o inorganico è ossidato completamente (nel caso di composti del carbonio, es.glucosio, l'ossidazione completa produce CO_2 e H_2O) e gli elettroni sono trasportati attraverso una catena di trasporto di elettroni (catena respiratoria) fino all'accettore finale, che è ossigeno, nella respirazione aerobia, o un substrato diverso (NO_3^-, $SO_4^=$, CO_2, fumarato), in caso di respirazione anaerobica; la fermentazione, in cui il substrato organico è ossidato parzialmente e l'accettore finale di elettroni è un composto organico, senza che vi sia l'intervento di una catena di trasporto di elettroni. I processi di fermentazione prendono il nome dal prodotto finale (f. lattica, alcolica, butirrica, propionica, ecc.).

Nella catena respiratoria, i portatori di elettroni sono ancorati nella membrana cellulare, in modo tale che il passaggio di elettroni sia seguito dal trasferimento di protoni (H+) dal citoplasma all'esterno. Poiché la membrana è impermeabile ai protoni, questo fenomeno determina un gradiente di protoni. L'energia del gradiente di protoni può essere utilizzata in diversi processi, quali la generazione di ATP (modello chemiosmotico di formazione dell'ATP) o il trasporto di soluti. L'ATP si forma quando gli H+ diffondono nella cellula attraverso le ATP sintasi, il passaggio dei protoni attraverso queste proteine determina la conversione enzimatica di ADP e fosfato inorganico in ATP.

L'*E. coli* è uno dei batteri più studiati. Gli studi hanno dimostrato che *E. coli* può utilizzare diversi enzimi nella catena respiratoria, a seconda delle condizioni ambientali, in particolare della presenza o meno di ossigeno, e del tipo di substrato presente in caso di condizioni anaerobie.

In condizioni aerobie, *E. coli* sintetizza due distinte citocromo-ossidasi (citocromossidasi o e d), mentre in condizioni anaerobie può utilizzare nella catena respiratoria almeno cinque ossidoriduttasi terminali, che impiegano come accettori terminali di elettroni nitrato, dimetil-sulfossido (DMSO), trimetilamina-N-ossido (TMAO), o fumarato.

Nella catena respiratoria, un pool di chinoni (ubichinone o menachinone) accoppia l'ossidazione di NADH per opera della NADH-deidrogenasi alla riduzione dell'accettore terminale di elettroni da parte delle ossidoreduttasi terminali.

La citocromossidasi o è l'enzima prevalente in condizioni ricche di ossigeno, ma con il diminuire della concentrazione di O_2 i livelli della citocromossidasi o si riducono, mentre quelli della citocromossiadasi d aumentano. In condizioni povere di ossigeno, la sintesi degli enzimi della respirazione anaerobia permette di utilizzare accettori di elettroni diversi da O2, consentendo alla cellula procariota di mantenere il più efficiente metabolismo respiratorio in luogo del metabolismo fermentativo.

La sintesi delle ossidoreduttasi anaerobie è nitrato-dipendente, nel senso che il nitrato è l'accettore di elettroni preferenziale, per cui quando, in condizioni anaerobiotiche, la sua concentrazione è elevata, la sintesi della nitrato reduttasi è elevata mentre quella degli altri enzimi (DMSO/TMAO-reduttasi e fumarato-reduttasi) rimane bassa. Soltanto quando il nitrato è deficitario, la sintesi delle altre ossidoreduttasi aumenta. Questo tipo di regolazione degli enzimi della catena respiratoria permette di utilizzare al meglio lo spazio disponibile sulla membrana cellulare.

In assenza dei substrati alternativi delle ossidoreduttasi, la cellula utilizza la fermentazione.

In presenza di nitrato e in condizioni di anaerobiosi, la nitrato-reduttasi respiratoria (Nar) costituisce circa il 50% delle proteine della membrana cellulare di *E. coli*, mentre la formato-deidrogenasi ne rappresenta il 10% circa. Quindi, sebbene diversi donatori possano fornire elettroni alla Nar (es., NADH-deidrogenasi, succinato-deidrogenasi, lattato deidrogenasi) il sistema formato-nitrato reduttasi riveste una grande importanza fisiologica nelle suddette condizioni ambientali. Nar è composta da tre subunità proteiche: subunità catalitica NarG, che riduce il nitrato; subunità NarH, che contiene un centro [3Fe-4S] e tre centri [4Fe-4S] e trasferisce gli elettroni tra le altre due subunità; subunità NarI, che grazie ai suoi cinque domini transmembranosi ancora le altre due subunità alla membrana, inoltre contiene un citocromo b e ossida i chinoni (ubichinone o menachinone), liberando due protoni nello spazio periplasmico. Gli elettroni sono trasferiti dai chinoni a NarI, quindi attraverso i centri Fe-S di NarH a NarG.

In *E. coli* sono presenti due isoenzimi Nar: NarA e NarZ. Il primo isoenzima è inducibile ed è espresso in condizioni di anaerobiosi e in presenza di nitrato; si ritiene che sia responsabile del 90% dell'attività nitrato-reduttasica. Il secondo isoenzima è presente costitutivamente e mostra una modesta induzione da parte del nitrato. Il ruolo fisiologico della NarZ è quello di assicurare un rapido adattamento agli improvvisi passaggi dall'aerobiosi alla anaerobiosi, in attesa che la sintesi di NarA raggiunga livelli sufficienti.

La Nar dei batteri intestinali è responsabile della nitrosazione delle ammine alchiliche e aromatiche a causa della sua debole capacità di generare NO. La formazione dei nitroso-composti è una delle possibili cause del cancro gastrico.

Sintesi del peptidoglicano

La sintesi della parete cellulare nei batteri Gram-positivi si sviluppa in 3 stadi, che si svolgono in distinti compartimenti cellulari: citoplasma, membrana cellulare e parete cellulare.

La sintesi dei precursori della parete cellulare comincia nel citoplasma e porta alla formazione dell'UDP-AM-pentapeptide nucleotide di Park (UDP-MurNAc-L-Ala-D-iGlu-L-Lys-D-Ala-D-Ala). Inizialmente si verifica l'attacco dell'acetil-glucosamina all'UDP e quindi la conversione ad acido UDP-muramico
per condensazione con fosfoenolpiruvato e riduzione. Gli aminoacidi del pentapeptide vengono aggiunti singolarmente, con l'intervento di uno specifico enzima per ciascun amminoacido.

Il nucleotide di Parker è trasferito su di un lipide della membrana cellulare, in seguito al Legame fosfo-estereo con un undecaprenil-pirofosfato a spese dell'UDP, così da formare il lipide I (C55-PP-MurNAc-L-Ala-D-isoGlu-L-Lys-D-Ala-D-Ala). Dopo un'ulteriore modificazione che comporta l'aggiunta di un disaccaride per interazione con UDP-GlcNAc, così da generare il lipide II [C55-PP-MurNAc(-L-Ala-D-isoGlu-L-Lys(Gly5)-D-Ala-D-Ala)- 1-4-GlcNAc], il precursore del peptidoglicano, ancorato al lipide, è traslocato alla superficie extracitoplasmatica della membrana cellulare.

Quindi il precursore del peptidoglicano è incorporato nella parete cellulare, attraverso reazioni di transpeptidazione e transglicosilazione, con il contemporaneo distacco dal carrier lipidico. L'assemblaggio della parete cellulare è catalizzato dagli enzimi PBP (proteine che legano la penicillina), localizzati nella membrana citoplasmatica. Si distinguono due gruppi di PBP, a basso e ad alto peso molecolare (HMW), enzimi bifunzionali comprendenti la classe A e quella B, che differiscono per i domini N-terminali.

Le PBP HMW di classe A promuovono sia la polimerizzazione del glicano dai precursori disaccaridici (successive addizioni delle unità glicopeptidiche MurNAc(-L-Ala-D-isoGlu-L-Lys-D-Ala-D-Ala)-GlcNAc a C55-PP-MurNAc(-L-Ala-D-IsoGlu-L-Lys D-Ala-D-Ala)-GlcNAc) sia la transpeptidazione (cross-linking) dei peptici della parete. Quest'ultima reazione consiste nella rimozione proteolitica della D-Ala all'estremità C-terminale del pentapeptide e nella formazione di un nuovo legame ammidico tra l'aminogruppo del peptide trasversale (crossbridge) e il gruppo carbonilico della D-Ala in posizione 4. Questa reazione è il bersaglio degli antibiotici beta-lattamici che mimano la struttura della D-alanil-D-alanina.

Dopo la reazione proteolitica, gli antibiotici beta-lattamici continuano a occupare il residuo serinico del sito attivo delle PBP, inibendole.

Interazioni tra batteri

Già nel 1970 i ricercatori dell'Università di Harvard Kenneth H. Nealson e John Woodland Hastings confermarono l'intuizione che i batteri comunichino per mezzo di sostanze chimiche e, nel caso specifico dei batteri marini luminescenti, individuarono in un messaggero molecolare che si muove da una cellula batterica a un'altra, il controllore dell'emissione della luce; è proprio il messaggero a indurre l'attivazione dei geni che codificano per un enzima (luciferasi) e per le proteine coinvolte in questo fenomeno. [1] Mentre in alcuni casi la comunicazione intercellulare non implica mutamenti nella forma o nel comportamento delle cellule, in altri, invece, la diffusione di segnali chimici induce a modificazioni sostanziali nella struttura e nella attività dei microrganismi. Ad esempio i *Myxococcus xanthus*, che vivono nel suolo, quando sono a corto di sostanze nutritive si riuniscono in strutture pluricellulari, che consentono a migliaia di spore, ossia a cellule con maggiore resistenza alle condizioni estreme, di venir trasportate in un sito più idoneo. Le operazioni di aggregazione e di formazione di spore sono guidate da messaggeri chimici, che vengono attivati solo se un numero di cellule alto, o comunque superiore a una soglia, segnala problemi di sopravvivenza.
Le cellule batteriche elaborano interazioni anche con organismi complessi: ad esempio, i *Rhizobium* promuovono lo sviluppo di alcune piante, instaurando un rapporto di simbiosi con esse, comunicando permanentemente[2] con esse allo scopo di regolare tutte le fasi di un percorso che governa l'interazione di entrambi gli organismi.[1]

Zetaxcentaur

Fantasmi disegni da colorare

Fiordelisi Massimiliano

Zetaxcentaur

Fantasmi disegni da colorare

Dovete colorare la figura in bianco e nero come la

figura d'esempio a colori.

Collezione Zetaxcentaur

Fantasmi disegni da colorare

Figura 1

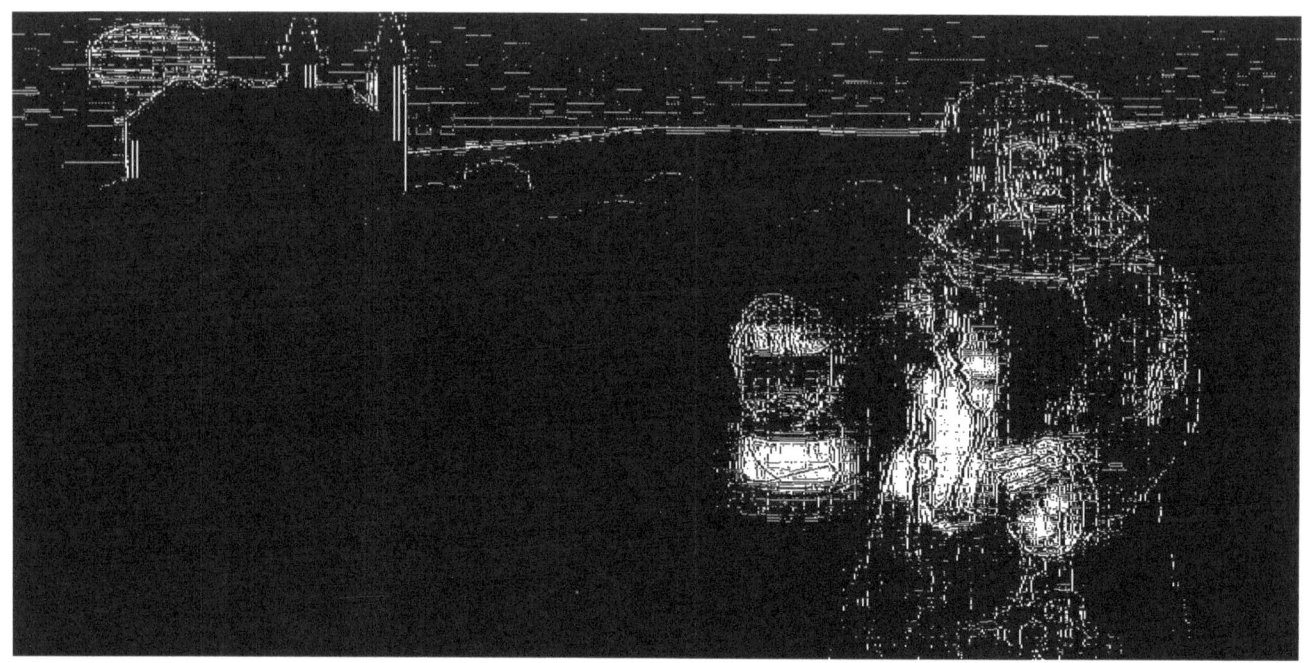

Colora come la figura 1

Figura 2

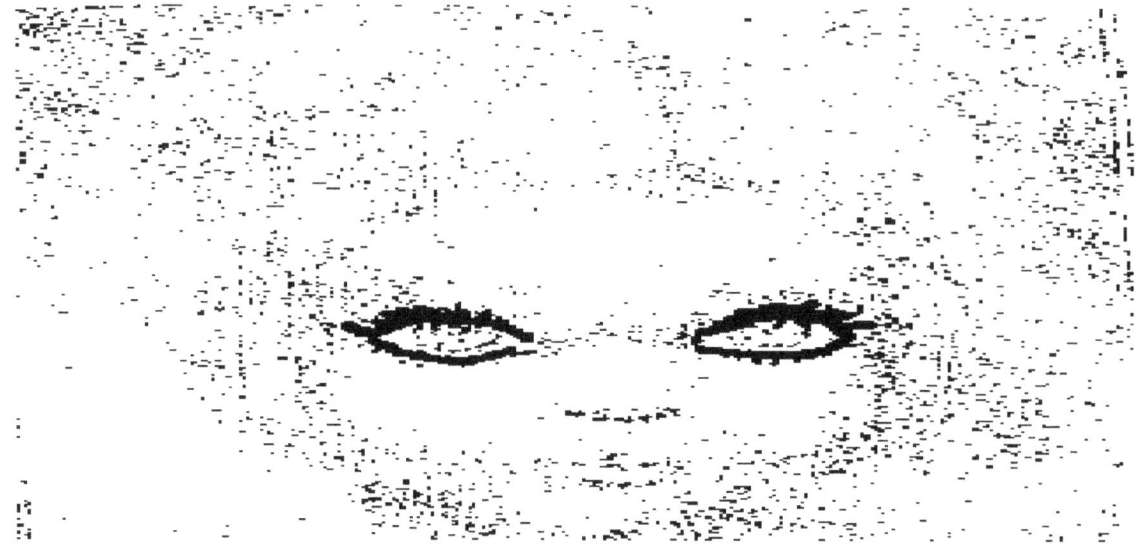

Colora come la figura 2

Figura 3

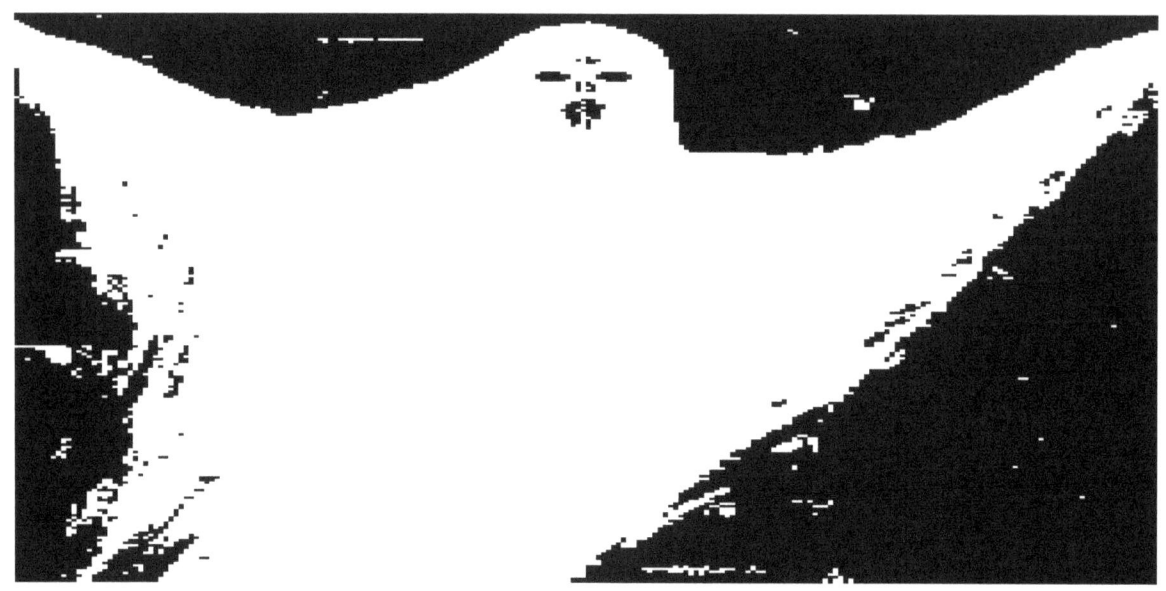

Colora come la figura 3

Figura 4

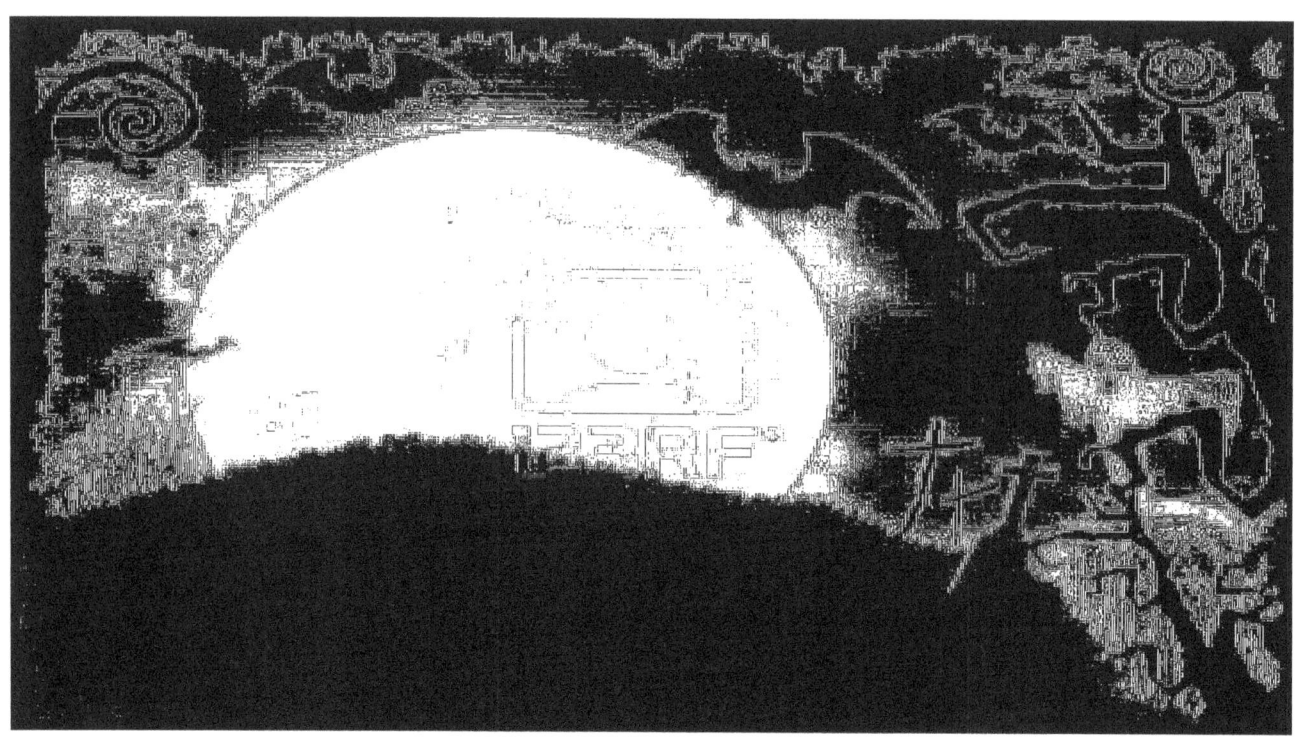

Colora come la figura 4

Figura 5

Colora come la figura 5

Zetaxcentaur

L'Universo disegni da colorare

Fiordelisi Massimiliano

Zetaxcentaur

L'Universo disegni da colorare

Dovete colorare la figura in bianco e nero come la

figura d'esempio a colori.

Figura 1

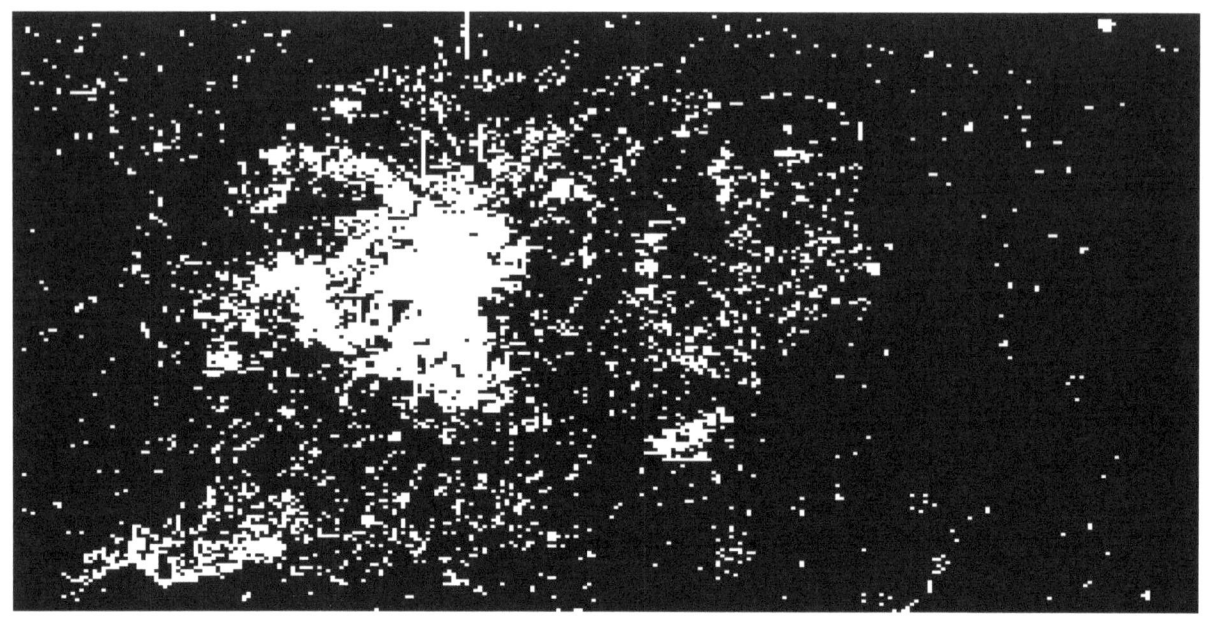

Colora come la figura 1

Figura 2

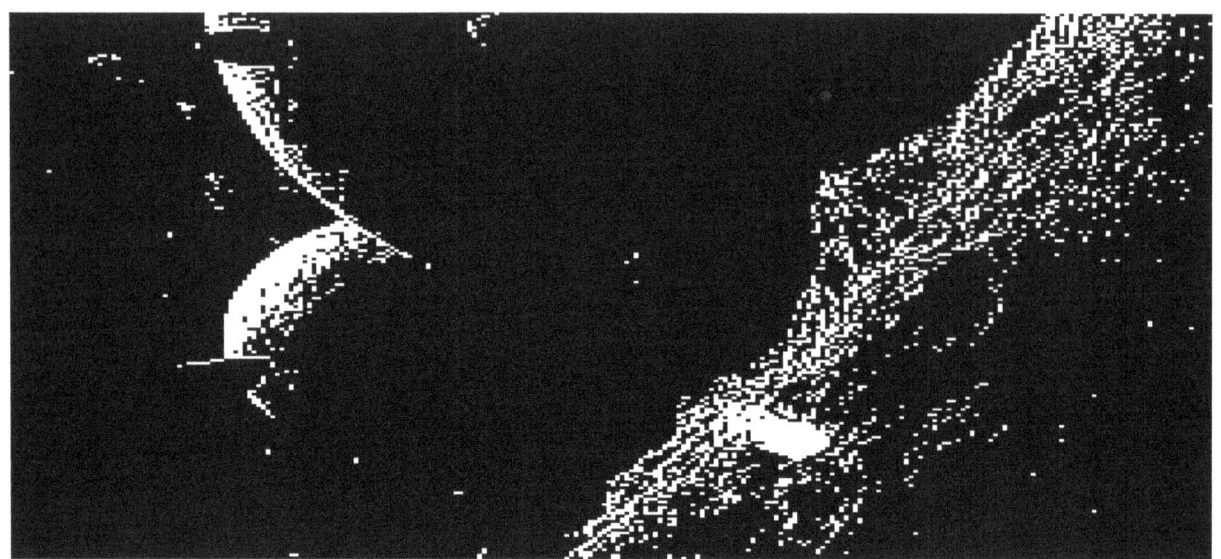

Colora come la figura 2

Figura 3

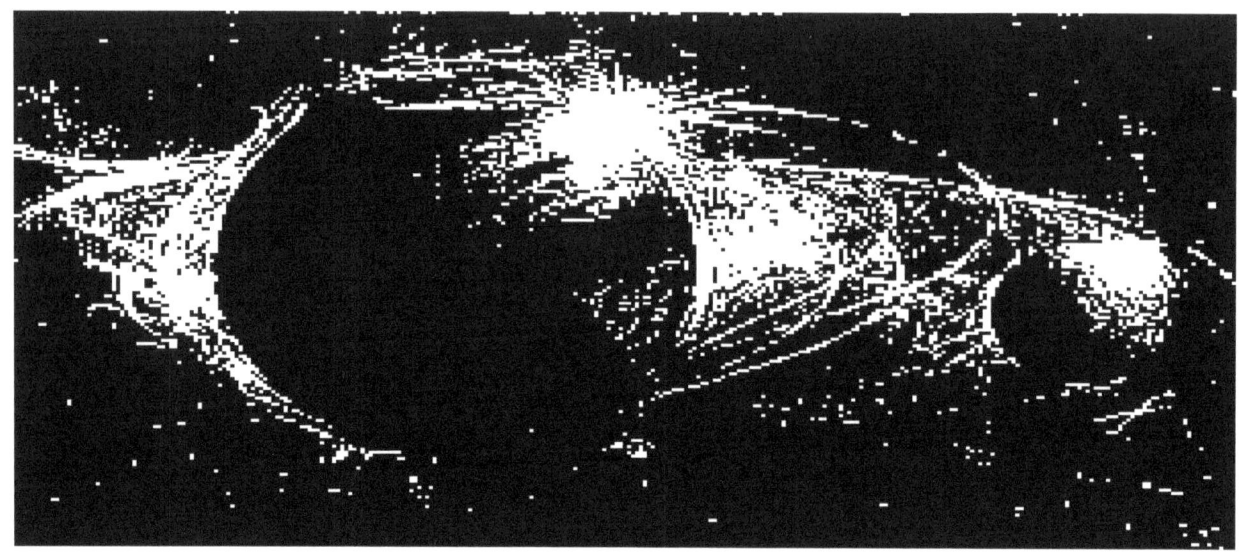

Colora come la figura 3

Figura 4

Colora come la figura 4

Figura 5

Colora come la figura 5